양송이와 느타리버섯의 주요 해충 종합관리기술

농촌진흥청
국립원예특작과학원

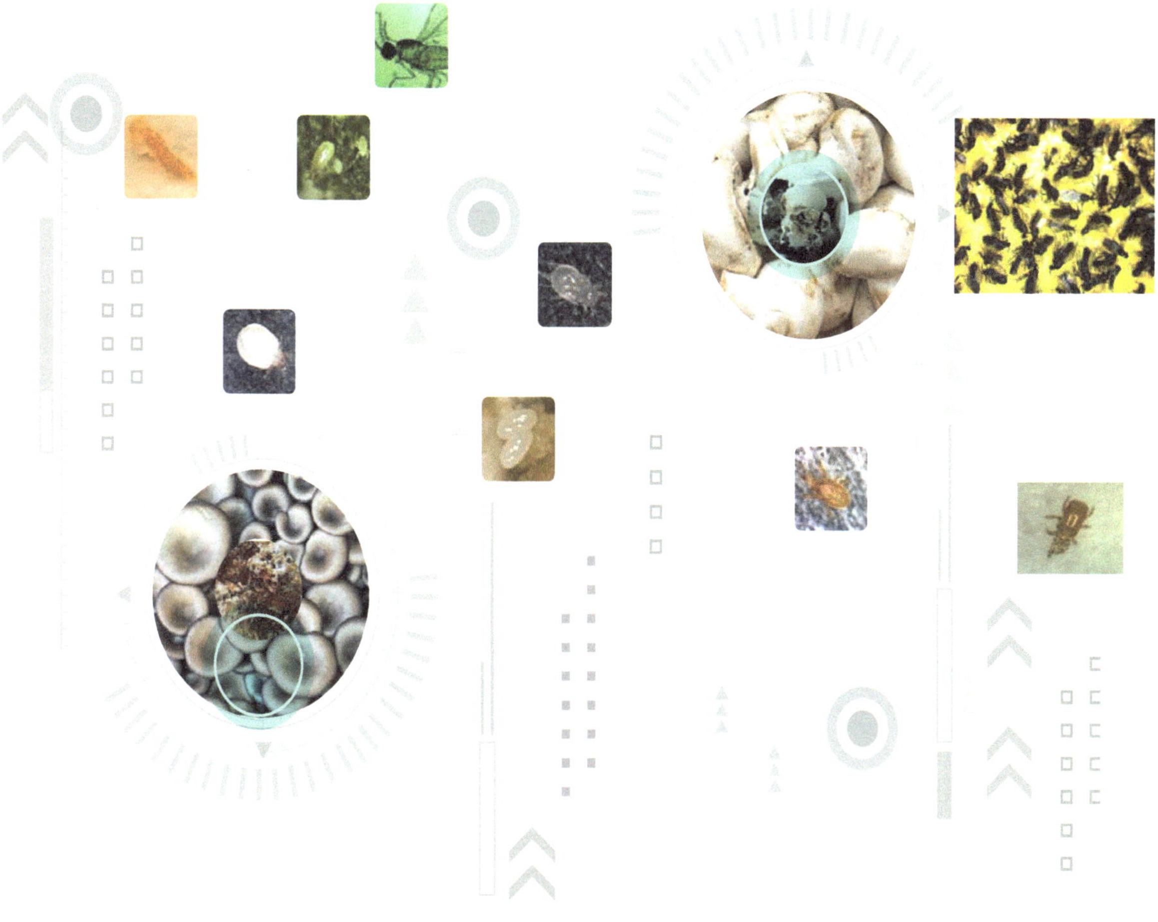

버섯 주요 해충 종합관리 매뉴얼을 발간하며

　양송이와 느타리버섯의 주요 해충으로 버섯파리와 버섯응애 등이 알려져 있으며 버섯파리류는 긴수염버섯파리, 버섯벼룩파리, 버섯혹파리, 털파리붙이 등 10여종이 알려져 있다. 버섯응애는 먼지응애류, 가루응애류, 뿔가루응애류, 건초응애류 등이 발생하여 피해를 준다.

　버섯의 주요 해충은 연중 먹이원이 풍부하고, 안정적으로 온습도 관리가 되는 시설내에서 발생과 번식을 되풀이하기 때문에, 우리나라의 양송이와 느타리버섯 재배 환경이 해충 서식의 최적이므로 그 피해가 많다.

　우리나라에서 버섯을 재배하는 거의 모든 재배사가 버섯파리와 버섯응애 등에 오염되어 있으며, 이들 해충으로 인해 양송이와 느타리버섯 생산량이 20% 이상 감소하는 것으로 알려져 있다.

　이들 해충의 피해가 해마다 늘어나고 있지만, 지금까지 버섯해충에 관한 연구는 거의 이루어지지 않았고 방제는 대부분 살충제에 의존하고 있다. 그러나 등록된 약제의 종류는 적고 사용 시기도 제한적이어서 버섯재배 농가에서는 해충의 방제에 많은 어려움을 겪고 있는 실정이다.

　실제로 약제를 이용하여 방제를 하더라도 사용시기가 균 접종 후, 복토 전·후로 한정되어 방제효과가 떨어지고 등록 약제도 3종류뿐이어서 연용으로 인한 저항성이 증가하여 효과가 떨어지는 실정이다. 따라서 본 매뉴얼에서는 이러한 문제점을 해결하기 위해 기존의 약제 방제와 새로운 친환경 방제방법을 종합하여 효율적인 버섯해충의 관리기술을 제시하고자 한다.

　본 매뉴얼을 통해 우리나라의 양송이와 느타리버섯 재배사에서 버섯파리와 버섯응애의 방제 효율성을 높여 조금이나마 버섯재배 농가의 시름을 덜어주면서 생산량 증대에 기여하기를 바란다.

2017. 12.

국립원예특작과학원 원예특작환경과
과장 **박 진 면**

CHAPTER 01 주요 해충의 발생 현황과 형태 및 생태 07

1. 버섯파리류 09

2. 버섯응애류 28

CHAPTER 02 기존 방제방법과 문제점 35

1. 기존 방제 방법 36

2. 문제점 37

양송이와 느타리버섯의 **주요 해충 종합관리기술**

CONTENTS

CHAPTER 03 **해충종합관리** 39

1. 해충종합관리를 위한 적용 기술 40
   가. 포식성 천적응애 40
   나. 곤충병원성 선충 41
   다. LED 조명+황색끈끈이트랩 이용 유인·포살 42
   라. 달마시안제충국 추출물을 이용한 연막법 43
   마. 달마시안제충국 추출물을 이용한 연무법 44
   바. 티트리오일 살포 45

2. 해충종합관리 체계 46
   가. 예방 46
   나. 방제 46
   다. 소독 48

3. 기술별 세부 적용 방법 49
   가. 포식성 천적응애 49
   나. 곤충병원성 선충 51
   다. LED 조명+황색끈끈이트랩 이용 유인·포살 51
   라. 달마시안제충국 추출물을 이용한 연막, 연무법 53
   마. 티트리오일 살포 55

양송이와 느타리버섯의 주요 해충 종합관리기술

주요 해충의 발생 현황과 형태 및 생태

IPM for the button and oyster mushroom cultivation

주요 해충의 발생 현황과 형태 및 생태

버섯을 가해하는 해충으로는 버섯파리류, 버섯응애류, 선충류가 있다. 이러한 해충들이 재배 중에 발생하면 버섯 배지, 균사, 자실체에 피해를 주며 재배사의 노후화, 집단화 등으로 해마다 피해가 증가하고 있다.

- 버섯파리류의 유충은 균식성(mycophagous)으로 곰팡이의 균사 말단이나 포자를 섭식한다.
- 버섯파리류의 유충 밀도가 높을 경우 균상 표면과 어린 버섯에 거미줄과 같은 실이 관찰된다.
- 긴수염버섯파리, 벼룩파리, 버섯혹파리, 털파리붙이, 나방파리, 마이세토필, 드로소필라, 스페로세리드 등이 발생한다.
- 피해정도는 긴수염버섯파리 〉 벼룩파리 〉 버섯혹파리 〉 마이세토필 순이다.
- 버섯파리류는 재배사에 연중 발생하며 자실체와 배지를 가해하여 버섯의 품질저하, 생산량 감소(20% 이상)의 중요 원인 중 하나이다.
- 돌발적으로 발생하는 버섯응애는 배지와 균사를 가해하고 번식이 빠르다.
- 버섯응애 밀도가 높아지면 자실체가 형성이 되지 않아 수확을 못하게 된다.
- 재배 초기에 버섯응애의 밀도가 높을 경우 2주기 수확을 하지 못하게 되어 50%이상 생산량이 감소한다.
- 버섯응애가 발생했던 재배사는 다음 작기에도 계속 발생한다.

01 버섯파리류

<버섯을 가해하는 주요 버섯파리 종류와 피해증상>

버섯파리 종류	피 해 증 상
긴수염버섯파리	균사섭식, 버섯의 밑부분부터 위로 갱도를 만듬
벼룩파리	균사섭식, 버섯 갓 줄기에 벌집 모양의 구멍을 만듬
버섯혹파리	줄기표면과 갓 밑부분에 구멍을 만들며 주름살로 침입함
마이세토필	버섯에 큰 구멍을 만들고 대를 썩게 하여 고사, 갈변, 부패시킴

가. 긴수염버섯파리(Sciarid fly, Sciaridae)

| 시아리드 종류 | *Lycoriella ingenua (syn. L. mali, L. solani), Lycoriella castanescens (syn. L. auripila)* 등 |

■ 형태

- 성충의 몸 폭은 1.2㎜이며 수컷 성충의 몸길이는 2.5~3㎜, 암컷 성충은 3~4㎜로 암컷이 더 크다.
- 성충은 전체적으로 가는 몸에 큰 복안, 흑색의 머리, 흑갈색의 가슴, 뚜렷한 마디가 보이는 복부에 긴 촉각과 긴 날개를 가져 작은 모기와 흡사하다.
- 유충의 몸길이는 1~10㎜ 정도이며 머리가 검고 윤이 나는 각피가 있어 머리와 몸통이 뚜렷이 구분되며 반투명 황백색의 색을 띈다.
- 4령이 지나면 번데기로 변하며 번데기는 밝은 황색에서 점차 갈색으로 바뀌고 우화 직전에는 흑갈색을 띈다.
- 우화한 암컷 성충이 교미 후 산란한 알은 0.2㎜ 정도의 반투명 백색 쌀알 모양이어서 육안으로 관찰하기는 어렵다.

버섯파리류

긴수염버섯파리의 성충

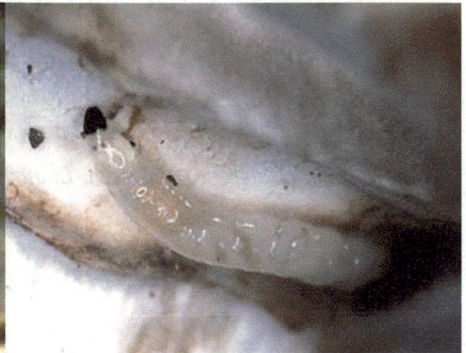

긴수염버섯파리의 유충

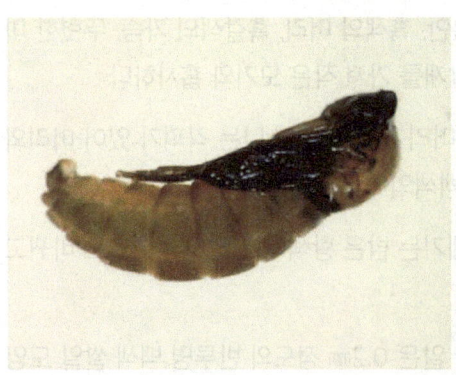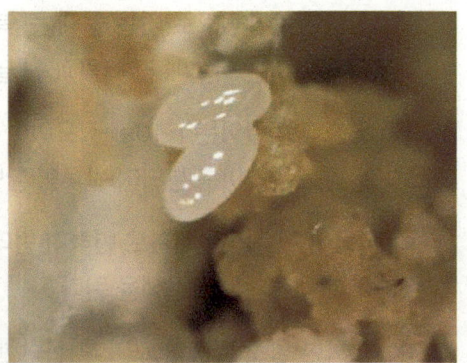

긴수염버섯파리의 번데기   긴수염버섯파리의 알

■ 생태

- 일반적으로 숲의 부엽토, 유기질이 많은 초지, 퇴비더미, 썩어가는 나무 등에서 유기물과 균을 먹으며 서식한다.

- 버섯 재배가 시작되면 균사의 독특한 냄새에 성충이 유인되어 재배사로 침입하여 서식하기 시작한다.

- 성충의 비행거리는 길지 않으며 날아다니는 모습이 점프하는 것으로 보이기도 한다.

- 교미가 끝난 암컷 성충은 0.2㎜ 정도의 반투명한 백색 쌀알 모양의 알을 버섯과 균상 등에 산란한다.

- 알에서 4~6일 후 부화한 유충은 버섯 균사와 자실체 등을 먹기 시작한다.

- 4령 유충까지 10~14일 정도 걸리며 그 후 배지 3cm 내 깊이에서 흑갈색의 번데기로 변한다.

- 번데기에서 3~6일 후 우화한 암컷 성충은 수컷과 교미 후 100~170개 정도의 알을 산란한다.

- 알을 한곳에 사슬형으로 산란하거나 여기저기 조금씩 분산시켜 산란하기도 한다.

- 부화한 유충은 버섯 균사 및 자실체를 먹으면서 번데기와 성충이 되는 과정을 되풀이 하면서 증식한다(완전변태 : 알→유충→번데기→성충).

- 성충 수명은 4~7일 정도이다.

- 암컷 성충은 우화 후 약 24시간이 지나면 교미가 가능하며 교미 후 산란이 끝나면 24시간 이내에 죽는다.

버섯파리류

- 알에서 성충까지 18℃에서 30일, 25℃에서는 21일 정도 소요된다.
- 20℃정도에서 발육이 잘되며 30℃이상이 되면 생육이 좋지 않다.
- 여름철의 고온기간보다는 늦은 봄이나 이른 가을 재배기간에 발생 밀도가 높아져 피해가 커지는 경향이 있다.
- 특히, 장마기 전인 6월 초, 중순부터 발생량이 증가하는 경향이 있다.

긴수염버섯파리 수컷(좌)과 암컷(우)의 교미

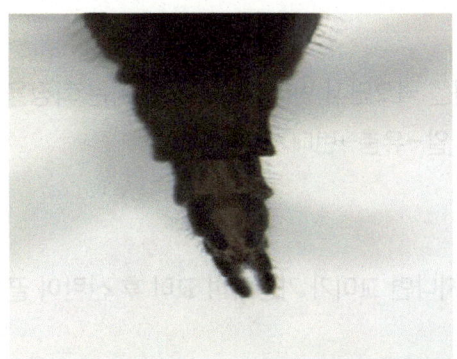 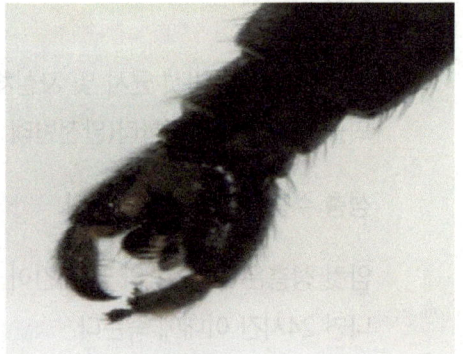

긴수염버섯파리의 생식기(좌 : 수컷, 우 : 암컷)

긴수염버섯파리의 생활사

🟩 피해증상

- 양송이, 느타리버섯 균상배지 재배는 발효퇴비, 볏짚 등 유기물이 풍부한 환경에서 일정한 온습도로 연중재배 하므로 긴수염버섯파리 서식에 최적의 조건이다.
- 양송이버섯의 경우 재배사 앞의 개방된 작업장, 재배사의 집단화, 노후화 등으로 해마다 피해가 증가하고 있다.
- 유충은 균상배지의 균사를 절단시키고 자실체 속을 갉아먹어 구멍을 남기고 버섯대나 갓에도 가해 흔적을 남긴다.

01 버섯파리류

- 유충이 어린 버섯의 기저부를 가해하면 생장이 부진해지고, 건드리면 쉽게 쓰러지며 심할 경우 고사하여 갈변 부패한다.
- 유충은 배지 위와 틈 사이를 이동하면서 각종 병원성 세균이나 곰팡이 등의 병원균을 매개한다.
- 성충은 배지 위를 옮겨 다니며 교미 후 산란을 하고 각종 병원성 세균이나 곰팡이, 버섯응애, 선충 등의 오염원을 매개하여 균상을 오염시키기 때문에 간접적 2차 피해를 유발한다.
- 성충이 버섯의 갓, 대 등에서 죽어 사체가 묻어 있을 경우 상품성을 저하시키기 때문에 붓이나 에어건으로 털어내는 수고로운 작업을 해야 한다.
- 느타리버섯 병 재배의 경우에도 버섯파리의 직접적인 피해와 버섯파리 성충이 이동 중에 매개하는 오염원으로 인한 피해가 발생한다.

느타리버섯의 버섯파리 피해증상

양송이버섯의 버섯파리 피해증상

01 버섯파리류

나. 버섯벼룩파리(Phorid fly, Phoridae)

포리드 종류 *Megaselia nigra, M. halterata, M. tamiladuensis* 등

■ 형태

- 버섯 재배사에서 흔히 관찰되는 버섯파리류 중 하나이며 성충의 크기는 3㎜로 작고 흑갈색을 띠며 갈색의 아주 작은 촉각을 가지고 있다.
- 활동성이 강하고 걸을 때 상당히 민첩한 움직임을 보인다.
- 4㎜ 정도의 유충은 밝은 황백색으로 한쪽 끝은 무디며 머리에 흑색 각피가 없고 가늘고 돌출되어있다.
- 갈색 눈과 작고 넓적한 모양의 머리가 특징이어서 붉은 눈, 큰 머리를 가진 드로소필라와 구분된다.

■ 생태

- 알, 유충, 번데기, 성충의 단계를 거치는 완전변태를 한다.
- 알에서 성충까지 18℃에서 평균 38일, 25℃에서는 23일이 소요된다.
- 암컷 성충은 자실체나 균상에 50개 정도의 알을 산란한다.

■ 피해증상

- 버섯 갓 줄기에 벌집 모양의 구멍을 만든다.

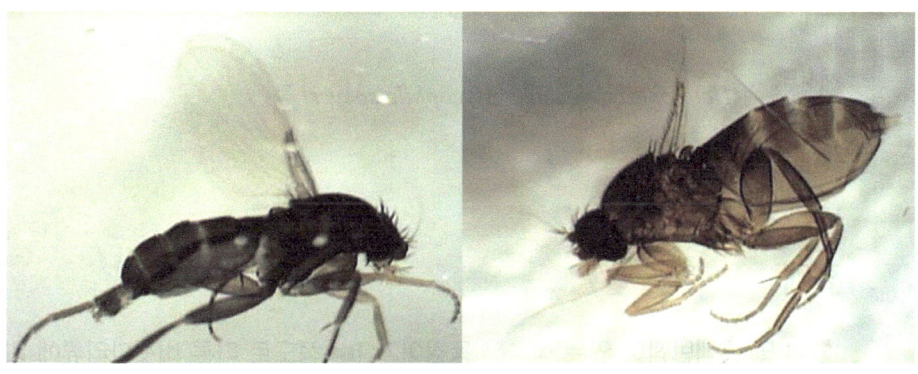

깡충벼룩파리의 성충(좌 : 암컷, 우 : 수컷)

사진제공 : 이흥수 박사

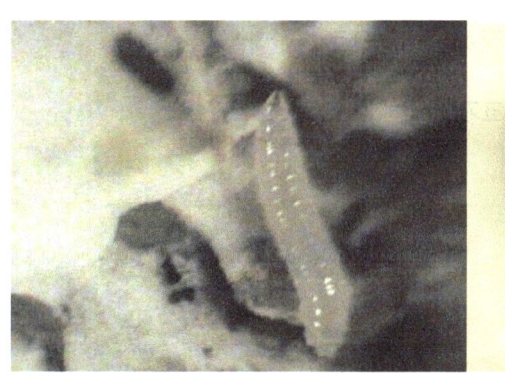 

깡충벼룩파리의 유충(좌)과 번데기(우)

사진제공 : 이흥수 박사

01 버섯파리류

다. 버섯혹파리(Cecid fly, Cecidomiidae)

> 세시드 종류: *Heteropeza pygmaea, Mycophila speyeri* 등

■ 형태

- 황색 및 흑색반점이 있는 성충은 몸길이가 1㎜ 정도로 다른 버섯파리류에 비하여 몸체가 작아 육안으로 관찰이 어렵다.
- 유충은 2㎜ 정도이며 황색, 백색 또는 오렌지색 바탕에 작은 반점이 있어 다른 버섯파리 유충과는 쉽게 구별된다.
- 번데기 초기에는 오렌지색이며 점차 황갈색으로 변한다.
- 알은 긴 쌀알 모양으로 성충 몸 크기에 비해 비교적 크다.

버섯혹파리의 성충(좌)과 알(우)

사진제공 : 이흥수 박사

버섯혹파리의 성충(좌 : 수컷, 우 : 암컷)

사진제공 : 이홍수 박사

버섯혹파리의 유충과 유생생식

사진제공 : 이홍수 박사

버섯혹파리의 번데기

사진제공 : 이홍수 박사

01 버섯파리류

◼ 생태

- 알, 유충, 번데기, 성충 단계를 거치는 완전변태를 한다.
- 하지만 환경조건에 따라서 유생생식(paedogenesis : 성장이 완료되지 않은 유생의 몸에서 생식세포가 성숙하여 모체 내에서 다른 유생이 발생하는 생식법)을 통해 매우 빠르게 증식할 수 있다.
- 밀도가 급격히 증가할 경우 배지 전체가 붉게 물든 것처럼 보인다.
- 2㎜ 정도의 어미유충에서 유생생식을 통해 갓 나온 어린 유충의 크기는 0.7㎜ 정도이다.
- 유생생식의 경우 1세대 기간은 6일이고 유충 1마리가 14~20마리의 유충을 낳는다.
- 관수 후 균상 표면이 장시간 습하게 되면 자실체에 대량으로 침입하여 버섯의 품질 저하를 초래한다.

◼ 피해증상

- 버섯의 줄기표면과 갓 밑부분에 구멍을 만들고 주름살로 들어가 가해한다.

라. 마이세토필(Mycetophil fly, Mycetophilidae)

| 마이세토필 종류 | *Heteropeza pygmaea* 등 |

■ 형태
- 성충은 다른 버섯파리류에 비해 가늘면서 길어 다리가 긴 각다귀와 비슷하다.
- 유충의 몸길이는 15~20㎜ 정도로 짧고 회갈색이며 마디마디에 회백색의 주름이 보인다.

■ 생태
- 유충은 균식성(mycophagous)으로 곰팡이의 균사 말단이나 포자를 섭식한다.
- 유충의 밀도가 높을 경우 균상 표변과 어린 버섯에 거미줄과 같은 실이 관찰된다.

■ 피해증상
- 버섯에 큰 구멍을 만들고 대를 썩게 하여 고사, 갈변, 부패시키다.

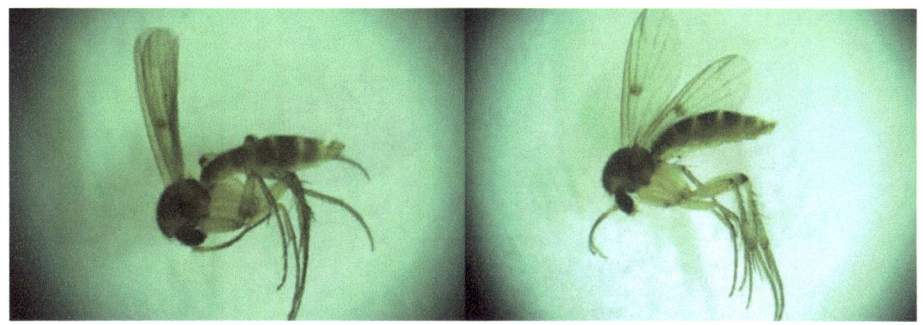

마이토세토필의 성충(수컷 : 좌, 암컷 : 우)

사진제공 : 이홍수 박사

01 버섯파리류

마. 털파리붙이(Scatopsid fly, Scatopsidae)

| 털파리붙이 종류 | *Coboldia fuscipes* 등 |

■ 형태

- 성충의 몸 길이가 2~2.5㎜로 작고 검정색이며 긴수염버섯파리에 비해 촉각이 짧다.

털파리붙이의 성충

털파리붙이 성충의 교미

털파리붙이의 성충(수컷 : 좌, 암컷 : 우)

사진제공 : 이홍수 박사

털파리붙이의 유충

01 버섯파리류

털파리붙이의 번데기

▣ 생태

- 유충은 거름이나 부식한 채소 등에서 서식한다.
- 버섯의 오래된 배지나 불량한 배지에서 많이 발생한다.

▣ 피해증상

- 버섯 자실체를 가해하여 갈변, 부패시킨다.

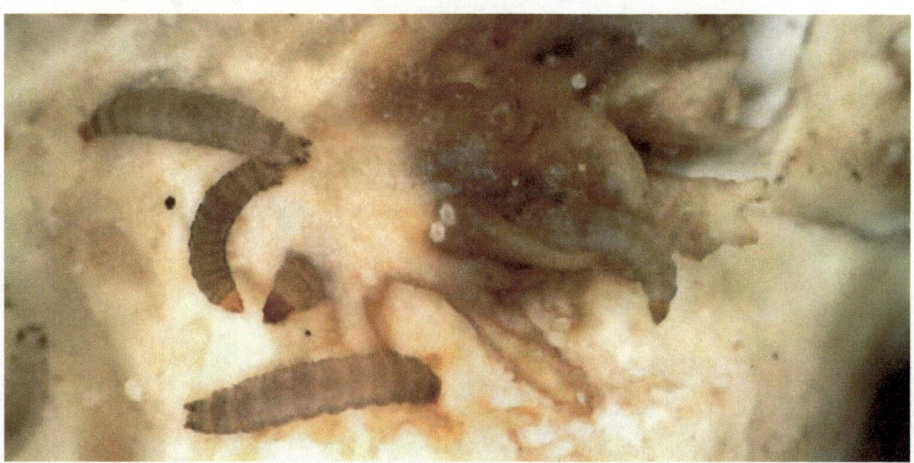

느타리버섯을 가해하는 털파리붙이의 유충

바. 나방파리(Drain fly, Psychodidae)

| 나방파리 종류 | *Psychoda alternata* 등 |

■ 형태

- 흑회색 방추형의 성충은 6㎜ 정도이고 털이 있는 작은 나방처럼 보인다.

■ 생태

- 하수도나 수채구멍 주위 등 물이 고인 장소나 습한 곳에서 서식한다.

■ 피해증상

- 버섯이나 배지에 직접적인 큰 피해는 주지 않는다.
- 각종 병원균이나 버섯응애, 선충 등을 매개할 경우가 있다.

01 버섯파리류

사. 드로소필라(Drosophila fly, Drosophilidae)

> **드로소필라 종류** 초파리류, 과실파리류 등

■ 형태

- 몸길이가 2~3㎜로 작고 날개가 갈색이며 눈이 붉고 다리에 털이 많다.

■ 생태

- 수분이 많고 썩은 음식물이나 배지 냄새에 유인된다.
- 거름이나 부식된 과일이나 채소 등에서 서식한다.
- 암컷 성충은 버섯 갓 속에 산란하는 것을 좋아하며 한번에 500여개의 알을 낳을 수 있다.

■ 피해증상

- 산란 할 때 버섯에 갈색반점을 만드는데 초기에는 이것이 세균성갈반병처럼 보인다.
- 유충은 버섯을 파먹으면서 굴을 만든다.

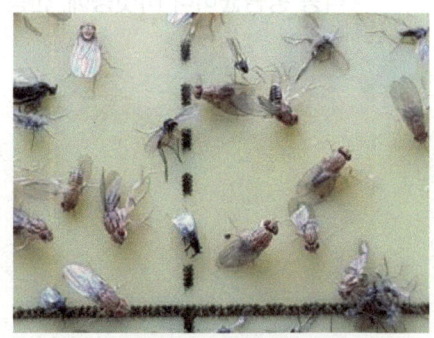

초파리류의 성충

아. 스페로세리드(Sphaerocerid fly, Sphaeroceridae)

스페로세리드 종류 　*Pullimosina heteroneura* 등

■ 형태

- 성충의 몸 길이는 0.5~4㎜ 정도이며 짙은 갈색을 띤다.
- 벼룩파리와 형태적으로 매우 유사하나 눈이 붉은 것으로 구분할 수 있다.
- 불규칙적으로 움직이며 날아다니는 것보다 점프하는 것으로 보이기도 한다.

■ 생태

- 수분이 많은 배지를 좋아하고 활성화되지 않은 균사를 가해하기도 한다.

■ 피해증상

- 버섯에 직접적인 피해는 심하지 않다.
- 버섯응애와 각종 병원균을 매개할 경우도 있다.

02 버섯응애류

| 버섯응애류 종류 | Tarsonemid mites (*Tarsonemus myceliophagus*), Pygmy mites (*Microdispus lambi*, syn. *Brennandania lambi*), Red pepper mites (*Siteroptes mesembrinae*, syn. *Pygmephorus mesembrinae*), *Arctoseius cetratus*, *Digamasellus fallax*, *Luciaphorus perniciosus* 등 |

◪ 형태

- 0.25㎜ 내외로 크기가 작아서 육안으로 관찰이 어렵다.

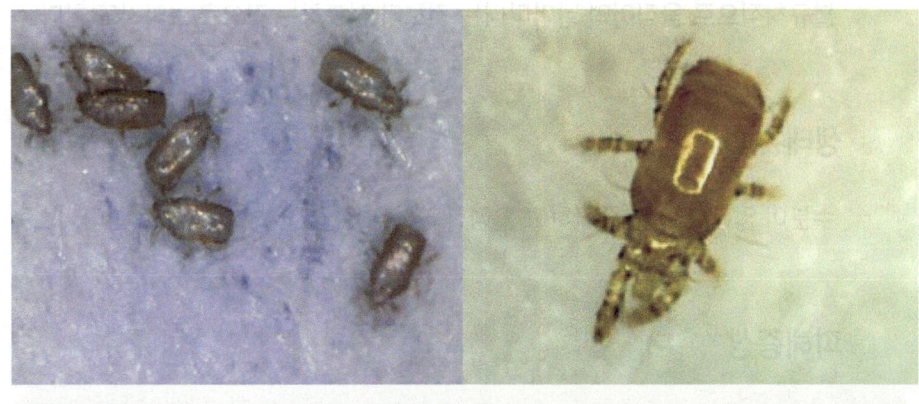
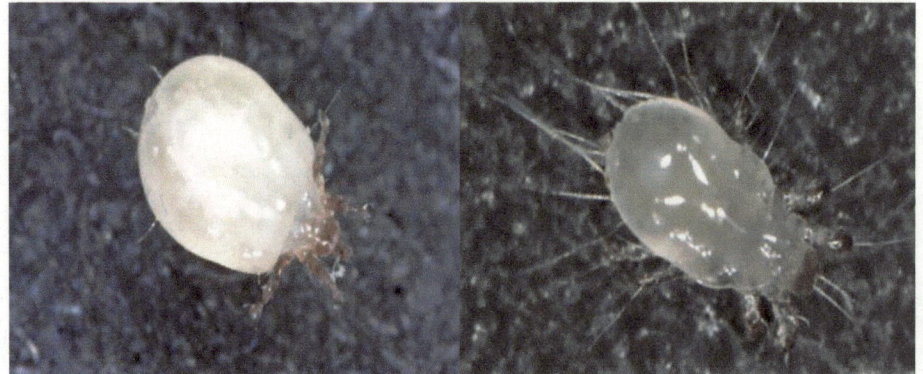

다양한 형태의 버섯응애

■ 생태

- 대부분의 버섯응애는 0.25mm 내로 작아서 육안으로 관찰이 어려우며 따뜻하고 습한 곳에서 균사체나 부식질의 즙액을 먹으며 서식한다.
- 번식력이 매우 강하며 생활환경이 나빠지면 저온이나 건조한 환경에서도 6개월 이상 견딜 수 있다.
- 트리코델마(*Trichoderma* sp.)와 같은 곰팡이를 좋아해서 이동 중에 병원균을 매개하며 긴수염버섯파리, 버섯벼룩파리 등의 버섯파리류나 각다귀에 붙어서 이동한다(최대 약 60마리 정도 편승할 수 있음).
- Tarsonemid 응애
  - 성충의 크기는 0.18mm이며 2~3주동안 하루에 알 1개씩 산란한다.
  - 알에서 성충까지 16~24℃에서 약 11~12일, 24℃에서 약 15일 소요되며 16℃에서 성충은 2개월 이상 살 수 있다.
- Pigmy 응애
  - 성충의 크기는 0.18~0.25mm이며 부화에서 성충까지 10일 정도 소요된다.
  - 성충은 5일 동안 150개 정도의 알을 산란하며 성충의 평균 수명은 7일 정도이다.
- Red pepper 응애
  - 성충은 0.2~0.25mm이며 5일 동안 150개 정도의 알을 산란한다.
  - 알에서 성충까지 20~25℃에서 4~5일 소요되므로 번식이 빠르다

긴수염버섯파리에 편승한 버섯응애

02 버섯응애류

■ 피해증상

- 과거에는 크게 문제가 되지 않았으나 최근 여러 재배단지에서 돌발적으로 발생하여 피해가 커지고 있다.
- 버섯응애는 배지가 오염되거나 불량할 때 주로 발생하여 버섯균사를 가해한다.
- 푸른곰팡이병 등 각종 병원균을 옮겨 복합 피해를 일으킨다.
- 주로 작업자의 신발이나 옷에 묻어 재배사내에 유입되거나 바람을 타고 재배사 문이나 틈으로 침입하는 것으로 추정되며 버섯파리에 붙어서 이동할 수 있다.
- 느타리버섯과 양송이버섯의 균상재배의 경우 재배 초기에 침입했더라도 밀도가 낮은 경우에는 육안으로 관찰이 어렵다.
- 버섯응애의 밀도가 증가하면 출입구에서 가까운 복토 흙덩이 표면이나 버섯 위에 부분적으로 연갈색 녹가루처럼 관찰된다.
- 방치할 경우 번식력이 강해 1~2주면 버섯과 배지 등 균상 전체가 연갈색 가루가 가득 앉은 것처럼 보인다.
- 시간이 더 경과되면 바닥에도 같은 현상이 보인다.
- 재배초기에 밀도가 높아지면 균사가 복토층 위로 전혀 자라지 않아 수확이 이루어지지 않는다
- 즉, 1주기 수확량도 감소하고 2주기 이후로는 자실체가 전혀 형성되지 않아 수확을 못하게 되므로 수확량이 50% 이상 감소되는 피해를 입게 된다.
- 느타리버섯 병 재배의 경우도 톱밥배지 위에 부분적으로 연갈색 녹가루처럼 관찰된다.
- 발생했던 재배사에서는 다시 발생한다.

양송이버섯의 버섯응애 피해증상

02 버섯응애류

양송이버섯 배지의 버섯응애 피해증상

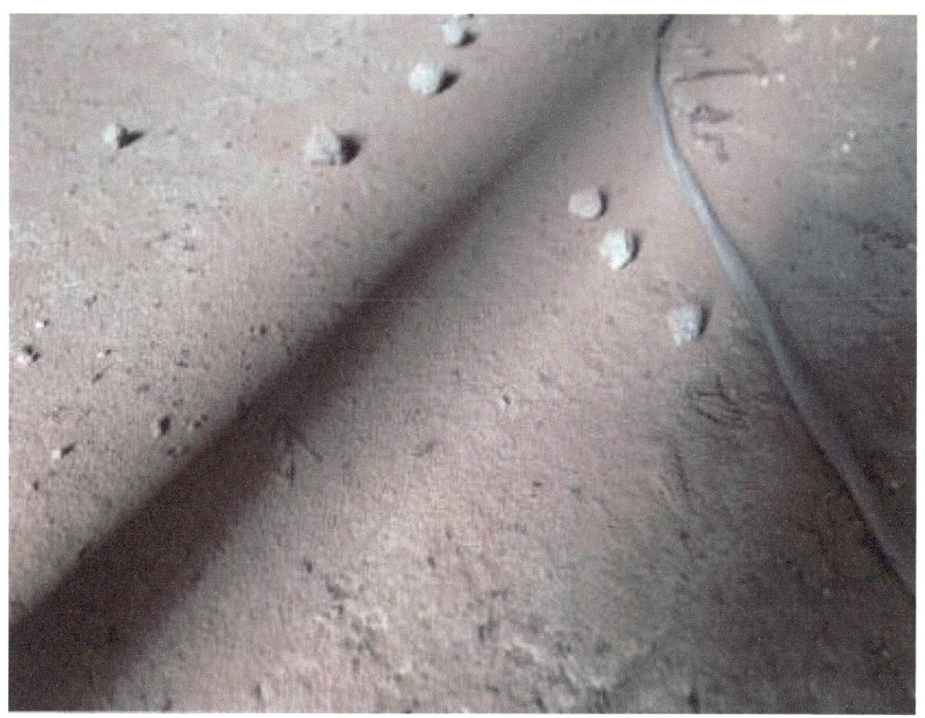

재배사 바닥의 버섯응애(붉은색)

기존 방제방법과 문제점

양송이, 느타리버섯 재배에서 버섯파리류와 버섯응애류의 피해는 해마다 심각해지고 있으나 지금까지 합성살충제를 이용한 화학적 방제법에 의존하고 있다. 버섯파리 등록 살충제는 3종뿐이며 버섯응애 등록 약제는 아직까지 없다. 합성살충제는 재배 중 해충 발생이 많은 수확기에는 농약잔류문제로 살포할 수 없어 효과적인 방제법이 될 수 없다.

01 기존 방제 방법

가. 버섯파리류

■ 방제법

- 양송이, 느타리 버섯파리의 방제용으로 등록된 약제는 곤충생장조절제(Insect growth regulator, IGR계) 3종으로 디플루벤주론(diflubenzuron), 테플루벤주론(teflubenzuron), 사이로마진(cyromazine)이다.
- 등록된 약제는 균 접종 후, 복토 전·후로 처리하는 것이 일반적이다.
- 일부 농가에서 담배, 목초, 할미꽃, 돼지감자, 탱자나무, 자리공뿌리 추출물 등의 식물유래 천연추출물을 이용하기도 한다.

■ 문제점

- 균 접종 후 혹은 복토 후 등록 약제 살포는 농약잔류문제로 사용 제약이 많아 방제가 어려운 실정이다.
- 버섯파리의 침입으로 밀도가 증가하는 시기는 주로 수확기이므로 복토 전·후의 약제 처리만으로는 재배사내에 침입하여 짧은 기간에 기하급수적으로 늘어나는 버섯파리의 밀도를 억제할 수 없어 효율적인 방제가 되지 않는다.
- 버섯파리류 방제 약제는 주로 변태나 탈피를 억제하는 약제이다.
- 곤충생장조절제는 버섯파리 성충에 대한 살충능력이 없어 성충에는 효과가 없다.
- 3종의 등록 약제를 번갈아 살포했더라도 이미 오랜 기간 사용해왔기 때문에 버섯파리의 약제 저항성이 의심된다.
- 일부 농가에서 식물유래 천연물질 등을 이용하여 방제하고 있지만 효과가 떨어지고 약해 등 사용에 제약이 많아 방제가 곤란하다.

02 문제점

IPM(Integrated pest management) for the button and oyster mushroom cultivation

> **곤충생장조절제(Insect growth regulator, IGR계)**
>
> 약제 성분이 접촉된 유충 몸 표피조직의 키틴 생합성을 저해하여 정상적인 변태나 탈피를 방해해서 살충효과를 나타내는 약제

나. 버섯응애류

■ 방제법

- 아직까지 버섯응애 방제용으로 등록된 살충제가 없으며 효과적인 방제법 또한 없다.
- 일부 농가에서 담배, 목초, 할미꽃, 돼지감자 등의 식물유래 천연추출물을 이용하기도 한다.

■ 문제점

- 아직까지 버섯응애 방제용으로 등록된 살충제가 없으며 방제법이 마련되어 있지 않아 버섯응애가 발생하면 속수무책으로 피해를 받을 수밖에 없는 실정이다.
- 밀도가 높아져 버섯과 배지 위에 갈색 녹가루처럼 육안으로 관찰될 때면 이미 방제 적기를 놓쳐 폐상으로 이어지기 때문에 대책이 시급하다.
- 일부 농가에서 식물유래 천연물질 등을 이용하여 방제하고 있지만 효과가 낮고 약해 등 사용에 제약이 많아 방제가 곤란하다.

02 문제점

<양송이, 느타리버섯에 피해를 주는 발생 해충과 기존 방제법 및 문제점>

적용해충	적용방법	적용시기	문제점
버섯파리류	화학 살충제 (디플루벤주론, 테플루벤주론, 사이로마진)	복토 전·후	• 복토 후 사용제약(잔류문제) • 약제 처리 시기의 비효율성 (1주기 수확 후 밀도증가) • 약제저항성 의심 • 유충 대상 접촉성 살충제 (성충에 작용하지 않음)
	식물유래 천연물질 (담배, 목초, 할미꽃 등의 추출물)	주기적 혹은 버섯 없을 때	• 사용 제약(약해 등) • 효과 미흡
버섯응애류	식물유래 천연물질 (담배, 목초, 할미꽃 등의 추출물)	주기적 혹은 버섯 없을 때	• 등록 살충제 없음 • 사용 제약(약해 등) • 효과 미흡

기존 버섯해충 방제방법의 일반적인 문제점

① 생태지식 : 해충의 기본 생태에 대한 지식 부족으로 방제방법의 적절한 사용법을 잘 모르고 있다.
② 예찰 : 후발효 후 언제, 얼마나 발생하는지를 예찰하고 방제수단을 투입한 이후에는 발생수의 증감을 관찰하여야 하나 대부분의 농가에서는 번거롭다는 이유로 예찰을 하지 않고 있다.
③ 합성농약의존 : 합성살충제 이외에는 방제효과가 낮다고 생각하는 경우가 많으며 방제방법별 세부내용 및 주의사항을 몰라서 방제효과를 높이지 못하고 있다.
④ 노력 : 현재 개발된 기술들을 종합하여 각 농가별 재배 환경을 고려한 적절한 방제체계를 설정해야 하나 노동력이 많이 필요한 기술이나 처음 접하는 기술을 꺼려하여 살충제에만 의존한다.

양송이와 느타리버섯의 주요 해충 종합관리기술

해충종합관리

IPM for the button and oyster mushroom cultivation

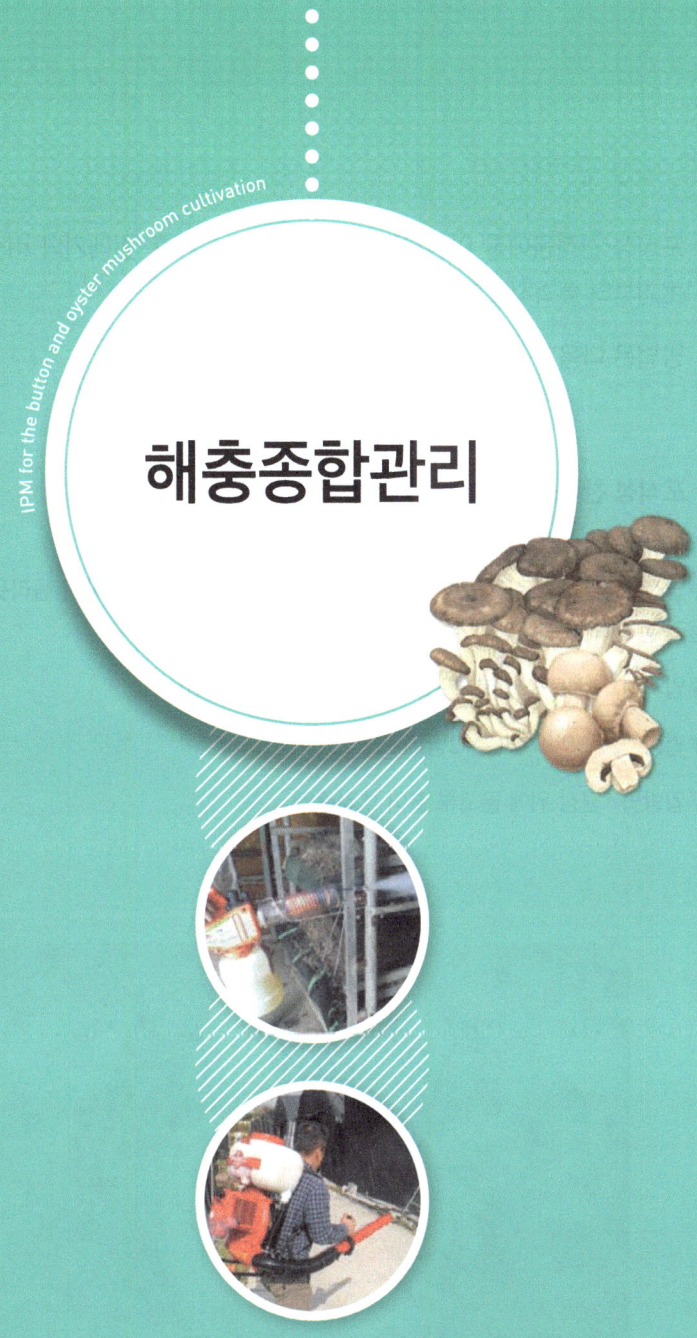

양송이, 느타리 균상배지 재배지에서 가장 문제되는 버섯파리류, 버섯응애류를 방제하기 위한 기술로 포식성 천적응애, 곤충병원성 선충, LED 조명+황색끈끈이트랩 이용 유인·포살, 달마시안제충국 추출물을 이용한 연무, 연막법에 대하여 소개한다.

01 해충종합관리를 위한 적용 기술

가. 포식성 천적응애

- 포식성 천적응애를 이용하면 버섯파리의 알, 유충, 번데기와 버섯응애를 발생 초기부터 효과적으로 관리할 수 있다.
- 방법은 다음과 같다.

포식성 천적응애를 이용한 버섯파리 방제법

① 투입전 할 일 : 가로로 눕힌 통을 양쪽 손으로 잡고 다람쥐 쳇바퀴 돌리듯이 천천히 돌려 통 안의 천적응애가 잘 섞일 수 있도록 한다.

② 투입시기 : 3회(균접종후, 복토 전·후, 첫 수확기(1주기))

③ 투입량 : 2~3만 마리(2~3병)/165~230㎡

④ 투입방법 : 균상 위에 골고루 흩어 뿌려준다.

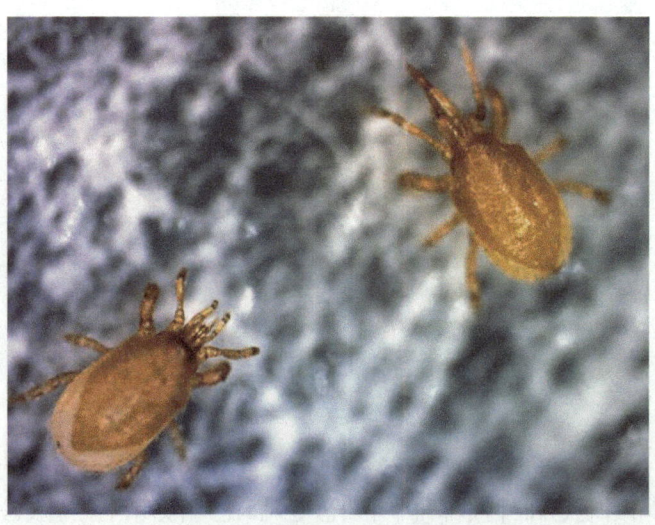

포식성 천적응애

나. 곤충병원성 선충

- 곤충병원성 선충을 이용하면 버섯파리 유충을 발생초기부터 효과적으로 관리할 수 있다.
- 방법은 다음과 같다.

곤충병원성 선충을 이용한 버섯파리 방제법

① 투입시기 : 복토 후 1주일 이내
② 투입량 : 2~3팩(4천~6천만 마리)/ 65~230㎡
③ 투입방법 : 물과 희석하여 균상배지에 골고루 뿌려준다.

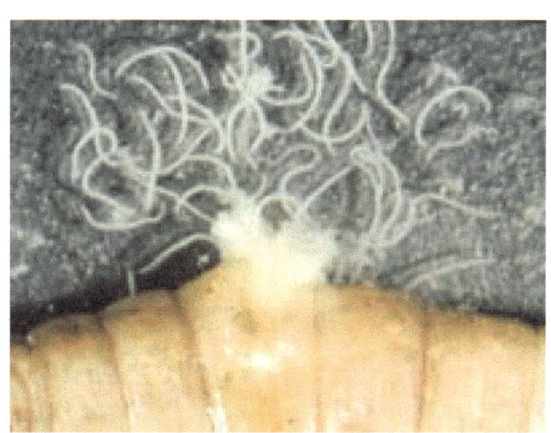

곤충병원성 선충

01 해충종합관리를 위한 적용 기술

다. LED 조명+황색끈끈이트랩 이용 유인·포살

- LED 조명+황색끈끈이트랩을 이용하면 발생초기부터 버섯파리 성충을 효율적으로 관리할 수 있으며 발생 예찰도 가능하다.
- 방법은 다음과 같다.

LED 조명+황색 끈끈이트랩을 이용한 버섯파리 방제법

① LED 설치
- 재배사(165~230㎡) 양쪽 벽면에 각각 4개씩 총 8개 설치한다.
- LED 설치 수는 재배방식과 면적, 재배사 여건에 따라 벽에 수평 및 수직으로 설치 가능하며, 설치수도 달리할 수 있다.
- 복토 후 10일(균사부상 기간) 이내에 설치된 백색 LED(6,500K, 형광등 모양) 조명을 켠다.

② 끈끈이트랩 설치
- 평판 혹은 롤형 트랩을 조명 아래에 설치한다.

LED 조명+황색 끈끈이트랩

라. 달마시안제충국 추출물을 이용한 연막법

- 연막 방법은 재배과정과 관계없이 언제라도 쉽고 간편하게 처리할 수 있고 짧은 시간에 높은 버섯파리 살충 효과를 낼 수 있다.
- 연막 방법은 다음과 같다.

제충국 연막 살포를 이용한 버섯파리 방제법

① 연막으로 처리할 경우 시판 중인 달마시안제충국 제품과 식물성 연막 확산제, 연막 방역기가 필요하다.

② 달마시안제충국 제품을 잘 흔든 후 40ml과 물 2L와 잘 섞은 50배 희석용액을 만든 후 연막방역기 상부 약제통에 넣는다.

③ 연막제 500ml를 물 1.5L와 섞어(약 3배) 연료통에 넣는다.

④ 부탄가스를 연결하고 연막기를 점화하고 1분정도 가열한 후 재배사내 골고루 살포한다.

⑤ 최대한 연기가 빠지지 않게 밀폐시킨 후 연기를 가득 채운다(5~12시간).

⑥ 연막은 해질녘에 처리하면 다음날 아침에 정상적인 작업이 가능하다.

제충국 연막 살포

01 해충종합관리를 위한 적용 기술

마. 달마시안제충국 추출물을 이용한 연무법

- 연무 방법은 재배과정과 관계없이 언제라도 쉽고 간편하게 처리할 수 있고 짧은 시간에 높은 버섯파리 살충 효과를 낼 수 있다.
- 연무 방법은 다음과 같다.

제충국 연무 살포를 이용한 버섯파리 방제법

① 에어컴프레서+에어건 사용(혹은 동력살분무기)
 - 시판 중인 달마시안제충국 20ml를 물 2L와 섞어 100배 희석 용액을 만들어 컴프레서와 연결된 에어건 약제통(혹은 동력살분무기)에 담아 재배사내에 골고루 살포한다.

② 농약 살포기 사용
 - 시판 중인 달마시안제충국과 물을 섞어 400배 희석액을 만들어 재배사 내에 골고루 살포한다.

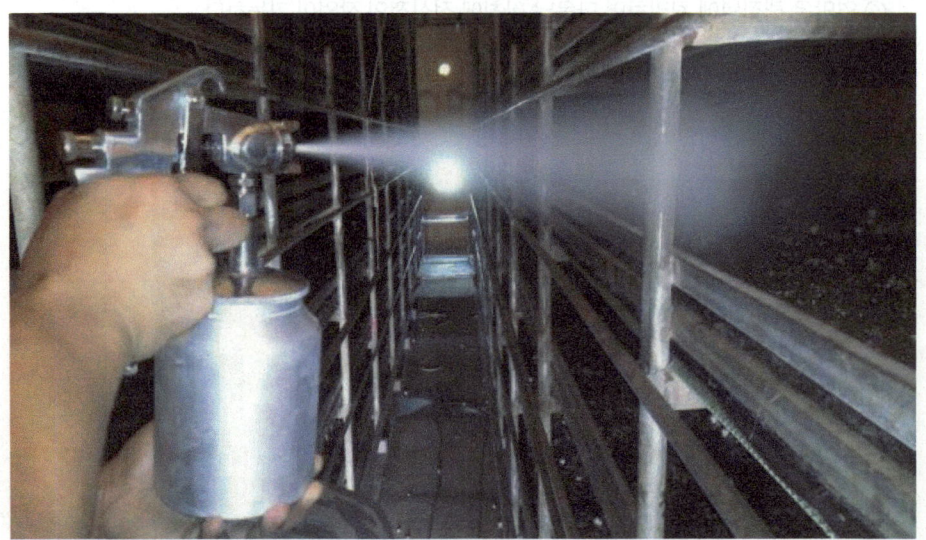

에어컴프레서+에어건을 이용한 제충국추출물 연무 살포

바. 티트리오일 살포

- 티트리오일에 접촉된 버섯파리 유충과 버섯응애는 즉시 치사한다.
- 재배과정과 관계없이 언제라도 쉽고 간편하게 처리할 수 있다.
- 방법은 다음과 같다.

티트리오일 살포법

① 티트리오일을 물과 섞어 1,000배 희석액을 만든다.

② 부분적인 살포에는 소형 분무기에 담아 잘 섞으면서 살포한다.

③ 재배사 전체에 살포할 경우 동력살분무기나 농약 살포기 혹은 관수장치를 이용한다.

④ 단, 대량의 티트리오일을 1,000배로 희석 할 경우 물과 잘 섞이지 않으므로 유화제가 필요하다.

⑤ 날마시안제충국 추출물 10 : 티트리오일 3 비율로 섞으면 잘 유화되어 사용하기 편하며 살충, 살비효과도 증진된다.

02 해충종합관리 체계

버섯해충의 종합관리를 위해서는 적용기술을 적정하게 활용함은 물론 예방, 방제, 소독의 절차를 철저하게 지켜주는 것이 중요하다. 예방, 방제, 소독 방법은 다음과 같다.

가. 예방

- 재배사 틈을 완전히 밀폐하고 출입구, 환기구 등에는 1mm 눈금의 방충망을 설치하여 버섯파리의 재배사 유입을 차단해야 한다.
- 재배사 주변의 먹이원이 되는 폐상배지, 음식물쓰레기, 잡초, 낙엽더미 등을 제거한다.
- 복토 작업에 사용되는 흙은 소독 후 사용하는 것이 좋다.
- 배지 재료는 말려서 보관하여 해충의 서식을 방지하는 것이 좋다.
- 균 접종, 복토 처리, 작업자의 출입 시 문을 개방하게 되면서 긴수염버섯파리 성충이 침입하기 때문에 후발효 후 황색 끈끈이트랩을 재배사내 통로쪽에 2~5m 간격으로 5~10개를 설치하여 성충의 밀도를 주기적으로 관찰한다.
- 적절한 폐상시기를 선택하여 폐상 후 열스팀 소독, 물세척과 건조를 실시함으로써 철저한 살충소독을 통해 다른 재배사로의 이동을 억제하여야 한다.
- 재배사가 밀집된 단지지역에서는 재배시기가 각기 달라서 다른 재배사로 버섯파리의 대량이동이 용이하므로 공동방제가 효과적이다.

나. 방제

- 버섯파리의 알, 유충, 번데기와 버섯응애는 균상 배지 속에 서식하고, 버섯응애와 각종 병원균을 매개하는 성충은 지상부를 날아다니며 생활하기 때문에 한 가지 방법으로는 효과적인 방제가 어렵다.
- 균상 배지의 버섯파리의 알, 유충, 버섯응애는 천적인 포식성 응애, 곤충병원성 선충, 달마시안제충국을 이용하고 지상부의 버섯파리 성충은 LED 조명+황색끈끈이트랩으로 유인·포살하여 성충, 알, 유충, 버섯응애를 동시에 관리하여야 효과적으로 방제할 수 있으며 밀도증가를 지연시킬 수 있다.

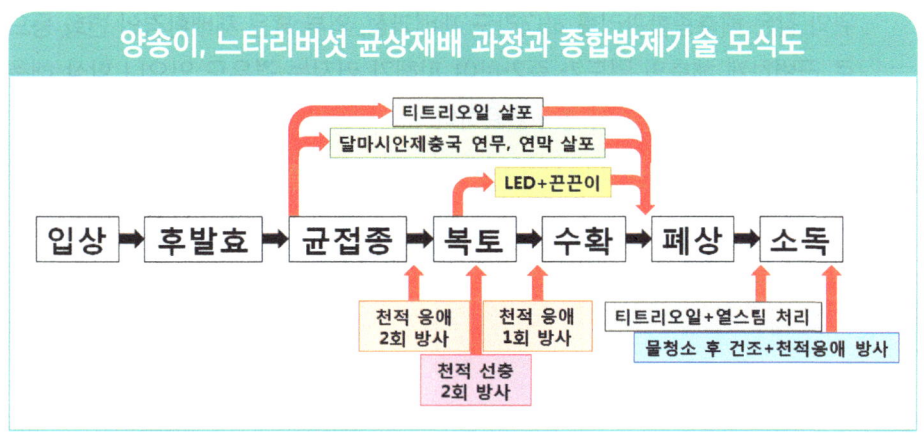

<양송이, 느타리버섯 균상재배 버섯파리 종합방제기술의 요약>

적용해충	적용방법	적용시기	문제점
천적 응애	• 버섯파리 알, 유충, 번데기 • 버섯응애 알, 약충, 성충	• 복토 전·후 3회	• 2~3만 마리/회
천적 선충	• 버섯파리 유충	• 복토 전·후 3회	• 2~6천만 마리/회
백색 LED	• 버섯파리 성충	• 후발효 후부터	• 황색 끈끈이트랩
달마시안 제충국	• 버섯파리 성충	• 주기적으로	• 연막 : 50배 희석액 살포 • 김프레서 연무 : 400배 희석액 살포 • 살포기 연무 : 400배 희석액 살포 • 관수 : 1,000배 희석액 살수
티트리오일	• 버섯파리 유충 • 버섯응애 약충, 성충	• 주기적으로	• 1,000배 희석액 살포 • 제충국과 섞어서 살포 가능

- 버섯파리의 알을 주로 포식하는 천적응애, 유충에 주로 기생하는 천적선충, 성충을 유인, 포살하는 백색 LED와 끈끈이트랩, 성충을 살충하는 주기적인 달마시안 제충국 살포를 적절히 이용하면 90%이상의 버섯파리 밀도감소 효과와 함께 피해는 5% 이내로 줄일 수 있다.

02 해충종합관리 체계

- 위와 같은 해충종합관리를 하더라도 재배과정, 외부 혹은 재배환경의 변화 등으로 급변하게 해충의 밀도가 증가하여 피해가 커지는 경우도 있으니 항상 해충 밀도에 대한 주의 깊은 관찰이 필요하다.
- 현재 천연오일 성분으로 버섯파리 유충과, 버섯응애를 동시에 방제할 수 있으며 버섯생장이나 색깔에는 지장을 주지 않고 재배과정과 관계없이 사용할 수 있는 친환경 살충제를 개발 중에 있다.

다. 소독

- 버섯파리 밀도가 높았던 재배사와 버섯응애가 한번이라도 발생한 재배사는 버섯파리, 버섯응애의 다른 재배사로의 이동과 다음 작기의 재발생을 막기 위해서 비용을 들여서라도 반드시 폐상 후 소독을 철저히 해야한다. .

폐상 후 소독법

① 티트리오일 살포
 - 티트리오일 1,000배 희석액을 잘 섞은 후 버섯응애가 발생한 재배사 내의 베드, 바닥, 벽, 틈새, 천장 등에 골고루 살포한다.

② 열스팀
 - 재배사를 밀폐시킨 후 후발효와 동일하거나 더 높은 온도로 열스팀 처리를 한다.

③ 물청소
 - 열스팀 소독이 끝나면 환기 후 재배사내 전체를 물세척 한다.

④ 건조
 - 재배사의 환기를 수시로 철저히 하여 건조시킨다.

⑤ 천적응애 방사
 - 재배사(165~230㎡) 바닥에 2~3만 마리(2~3병)의 천적응애를 바닥에 골고루 흩어 뿌려준다.

03 기술별 세부 적용 방법

가. 포식성 천적응애

- (종류) 천적응애는 스키미투스응애(*Stratiolaelaps scimitus*, 마일즈응애), 총채가시응애(*Hypoaspis aculeifer*, 아큐레이퍼응애) 2종이 있으며 쉽게 구할 수 있는 종으로 이용하면 된다.

- (투입시기 및 방법) 포식성 천적응애가 푸른곰팡이병을 매개할 수 있기 때문에 복토 후부터 1주기 양송이 수확기 전에는 처리해야 한다.
  - 재배 초기에 투입되면 작기와 관계없이 사용할 수 있다.
  - 천적 포식성 응애를 균상 준비 전 물 청소 후 재배사 바닥에 방사하면 해충 예방에 효과적이다.

- (천적응애 활동 및 효과) 방사된 천적응애는 배지의 복토층 틈사이로 수평, 수직 이동하면서 버섯파리의 알, 유충, 버섯응애의 알, 약충, 성충을 동시에 포식하고, 특히 움직임이 없는 알을 선호한다.
  - 스키미투스응애 1마리가 24시간동안 버섯파리 알은 7개, 유충은 7마리, 버섯응애는 약 90마리 이상 포식할 수 있다.
  - 포식성 천적응애는 활발한 이동 중에 뾰족한 구침으로 여기저기 찌르면서 다니는 습성이 있어 포식당하는 개체 이외에 구침에 찔린 상처로 인해 점차 약해져 죽는 개체가 많다.
  - 포식성 천적응애에게 찔린 버섯파리 유충이 상처로 인해 약해지면 주위에 있던 천적응애가 서로 포식하려고 모여들기도 한다.

※ 버섯생장과 인체에는 해가 없다.
  - 장기간 사용했을 경우 재배사내 정착하여 지속적인 효과를 기대할 수 있다.

03 기술별 세부 적용 방법

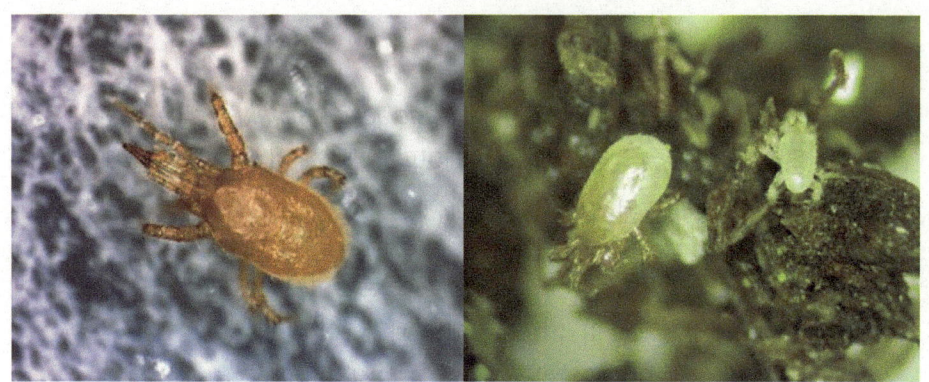

스키미투스응애의 성충(좌)과 약충(우)

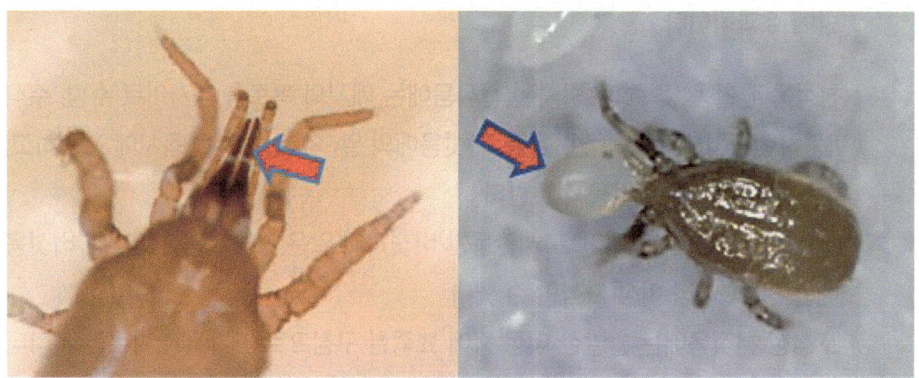

스키미투스응애의 구침과 버섯파리 알 포식

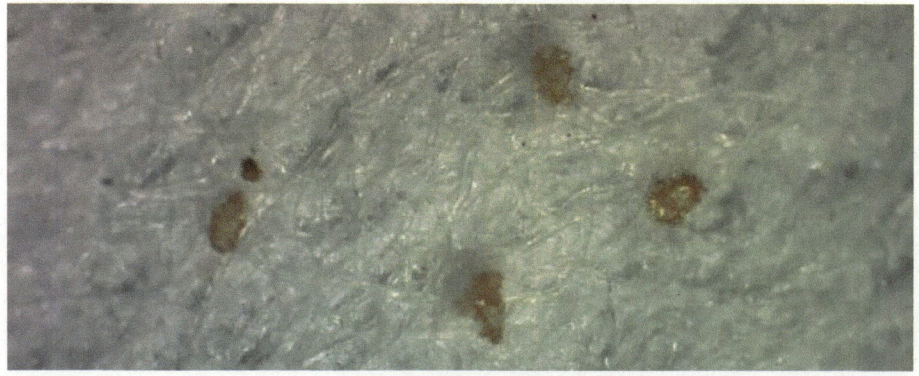

스키미투스응애에게 포식당한 버섯응애

나. 곤충병원성 선충

- 시판되고 있는 곤충병원성 선충은 Steinernema carpocapsae이다.
- 포식성 천적응애와 병행 사용이 가능하다.
- 포식성 천적응애는 버섯파리의 알, 유충, 번데기 및 버섯응애의 방제에 이용되고 천적선충은 유충 방제에 효과적이다.
- 버섯생장과 인체에는 해가 없다.
- 지속적인 효과를 기대할 수 있다.

다. LED 조명+황색끈끈이트랩 이용 유인·포살

- 버섯파리 성충이 빛에 유인되는 특성을 이용한 방제법이다.
- (설치방법) LED 조명을 양쪽 측면에 4개씩 설치하고 조명 아래에 끈끈이트랩을 부착한다.
  - 양측 벽면에 설치하는 이유는 버섯파리 성충을 배지 측면으로 유인 및 포살함으로서 암컷 성충이 죽기 전에 산란한 알이 배지위에 떨어지지 못하도록 하기 위함이다.
  - LED 조명의 빛은 버섯파리 성충을 유인할 뿐, 죽이지는 못하므로 LED 조명 아래에 끈끈이트랩을 설치해야한다.
  - LED 조명 아래에 수반형 트랩을 설치 할 경우 LED 빛에 유인된 버섯파리가 수반형 트랩에 포살 되지 않고 수면에 떠 있거나 수반형 트랩에 산란하는 경우가 많으므로 끈끈이트랩을 이용하는 것이 효율적이다.
- (설치비용) LED 설치비용이 일시에 많이 소요되기는 하지만, 한번 설치하면 오랫동안(5~10년) 사용이 가능하고, LED 가격이 점차적으로 하락하고 있는 점, 그리고 설치효과를 고려하면 큰 부담이 아닐 수 있다.

기술별 세부 적용 방법

다양한 형태의 버섯파리 유인, 포살법

라. 달마시안제충국 추출물을 이용한 연막, 연무법

- (원료) 주원료가 달마시안제충국 추출물과 방아풀이나 자소추출물을 혼합한 제품이 유기농자재로 공시되어 시판되고 있다.

- (사용 편리성) 친환경 식물에서 추출한 천연 살충 성분을 연막 및 연무 방식으로 재배시기에 관계없이 쉽고 간편하게 처리할 수 있고 짧은 시간에 높은 효과를 낼 수 있는 장점이 있다.

소형 연막 방역기

대형 연막 방역기를 이용한 제충국추출물 연막 살포

- (주의사항) 달마시안제충국에 함유된 살충성분은 열에 약하기 때문에 약제 분사 노즐의 최소한의 열전달을 위하여 열코일을 경유하지 않고 분사구 앞쪽에 설치된 연막 방역기를 사용하는 것이 좋다.

03 기술별 세부 적용 방법

동력살분무기를 이용한 제충국추출물 연무 살포

- (사용방법) 관행 및 GAP 재배농가에서는 연막, 연무 처리가 가능하고 무농약, 유기농 재배 농가에서는 연무 처리가 바람직하다.
  - 관수작업을 하는 농가에서는 달마시안제충국 1000배 희석 용액으로 수시로 살수하는 것도 효과적인 예방, 방제 방법이다.
  - 물과 희석한 제충국 희석 용액은 당일 바로 사용하여야 하며 남은 제충국과 연막제는 뚜껑을 닫은 후 냉암소에 보관한다.
  - 달마시안제충국 추출물 제품은 물과 잘 섞이며 살포 후 버섯생장에 영향을 주지 않을 뿐만 아니라 버섯에 얼룩 등의 약해가 없어 안심하고 사용할 수 있다.

※ 친환경농업(무농약, 유기농재배)에서는 어떠한 천연 물질이더라도 가열을 통한 연기 살포는 허용하지 않는다(고열로 인한 원료 성분의 화학적 변형 가능성).

마. 티트리오일 살포

- 티트리오일에 접촉된 버섯파리 유충과 버섯응애는 즉사하므로 살충, 살비력이 매우 우수하다.
- 티트리오일은 천적응애에는 악영향이 적어 천적응애와 병행 사용이 가능하다.
- 달마시안제충국과 섞어 사용하면 버섯파리, 버섯응애를 동시에 효과적으로 방제할 수 있다.
- 재배과정과 관계없이 언제라도 쉽고 간편하게 처리할 수 있다.
- 아직 시판하는 제품은 없으며 현재 개발 중에 있다.

기획·편집인 원예특작환경과장 박진면, 김동환

집 필 인 김형환, 양창열, 서미혜, 이찬중, 윤정범

양송이와 느타리버섯의
주요 해충 종합관리기술

초판 인쇄 2023년 03월 21일
초판 발행 2023년 03월 24일

저 자 농촌진흥청 국립원예특작과학원
발행인 김갑용

발행처 진한엠앤비
주소 서울시 서대문구 독립문로 14길 66 205호(냉천동 260)
전화 02) 364 - 8491(대) / 팩스 02) 319 - 3537
홈페이지주소 http://www.jinhanbook.co.kr
등록번호 제25100-2016-000019호 (등록일자 : 1993년 05월 25일)
ⓒ2023 jinhan M&B INC, Printed in Korea

ISBN 979-11-290-4615-4 (93520)   [정가 9,000원]

☞ 이 책에 담긴 내용의 무단 전재 및 복제 행위를 금합니다.
☞ 잘못 만들어진 책자는 구입처에서 교환해 드립니다.
☞ 본 도서는 [공공데이터 제공 및 이용 활성화에 관한 법률]을 근거로 출판되었습니다.